BEI GRIN MACHT SICH IHR WISSEN BEZAHLT

- Wir veröffentlichen Ihre Hausarbeit,
  Bachelor- und Masterarbeit

- Ihr eigenes eBook und Buch -
  weltweit in allen wichtigen Shops

- Verdienen Sie an jedem Verkauf

Jetzt bei www.GRIN.com hochladen
und kostenlos publizieren

Chronische Pflege-und Krankheitsverläufe. Anwendung des Neumanschen Systemmodells am Beispiel idiopathisches Parkinson-Syndrom

Annabell Liebetrau

Bibliografische Information der Deutschen Nationalbibliothek:

Die Deutsche Nationalbibliothek verzeichnet diese Publikation in der Deutschen Nationalbibliografie; detaillierte bibliografische Daten sind im Internet über http://dnb.d-nb.de abrufbar.

ISBN: 9783346974808
Dieses Buch ist auch als E-Book erhältlich.

Studiengang Berufspädagogik im Gesundheitswesen (B.A.)

2. Semester

Hausarbeit

Steuerung und Gestaltung chronischer Pflege-und Krankheitsverläufe

Anwendung des Neumanschen Systemmodells am Beispiel idiopathisches Parkinson-Syndrom

Vorgelegt am   28. Januar 2018

Vorgelegt von   Liebetrau, Annabell

Inhaltsverzeichnis

Abbildungsverzeichnisverzeichnis

Abkürzungsverzeichnis

ATL's	Aktivitäten des täglichen Lebens
DGN	Deutsche Gesellschaft für Neurologie
dPV	deutsche Parkinson Vereinigung
Fobi	Fortbildung
IPS	idiopathisches Parkinson-Syndrom
PDN	Parkinson's Disease Nurse
PN	Parkinson-Nurse
PS	Parkinson-Syndrom

1 Einleitung

Das Aufeinandertreffen der immer kürzeren Liegezeiten im stationären Bereich und der demografischen Entwicklung in Deutschland, führt zu einer ständig wachsenden Überlastung des stationären Altenpflegebereiches und der ambulanten Versorgungsbereiche. In vielen Fällen der stationären Krankenhausaufenthalte werden die Klienten nach kurzer Zeit wieder entlassen, ohne dass die anschließende ambulante Versorgung geprüft wird bzw. gesichert ist. Genau aus diesem Grund sind ambulante Versorgungsmodelle mit einer Kombination aus Case- und Caremanagement zwingend notwendig. Besonders bei älteren und hochaltrigen Klienten ist ein gutes Versorgungsmanagement wichtig, um Behandlungsergebnisse zu verbessern und somit die Lebensqualität zu erhalten oder gar zu verbessern. Diese Bedeutsamkeit muss jedem bewusst sein. Es ist wichtig die Grundlagen und Kompetenzen schon in der Ausbildung zu vermitteln, damit zukünftige Pflegefachkräfte schon frühzeitig ein Verständnis entwickeln können. Die Autorin dieser Arbeit hat im Laufe der Zeit einige Fälle miterlebt, in denen Pflegefachkräfte im Bereich des Case- und Caremanagements versagt haben. Daher wird in dieser Arbeit die Steuerung und Gestaltung der Pflege einer älteren Klientin, welche am idiopathischen Parkinson-Syndrom (IPS) erkrankt ist, anhand des Systemmodells von Betty Neumann vorgestellt und die Bedeutung des Versorgungsmanagements untermauert.

2 Ziel der Hausarbeit

In dieser Hausarbeit soll dargestellt werden, wie wichtig die Kombination aus Case- und Caremanagement ist und warum ambulante Versorgungsmodelle von großer Bedeutung sind. Dabei wird auf das Systemmodell von Betty Neumann mit Bezug auf ein Fallbeispiel des IPS eingegangen.

Da die Zahl der Hilfe-und Pflegebedürftigen, welche in der privaten Häuslichkeit leben, stetig steigt, hat der pflegenden Angehörige in der ambulanten Versorgung der Hilfe-und Pflegebedürftigen einen besonderen Stellenwert. Aus diesem Grund soll diese Arbeit einige Ansatzpunkte für die Angehörigenberatung darstellen.

Des Weiteren ist der Stellenwert des Versorgungsmanagements in der Gesundheits- und Krankenpflegeausbildung eher fraglich. Das Thema Versorgungsmanagement ist als solches nicht im Lehrplan vorgesehen. Es gibt zwar viele Fort-und Weiterbildungsangebote, welche man mit einer abgeschlossenen Gesundheits-und Krankenpflegeausbildung absolvieren kann, jedoch ist es wichtig solche grundlegenden Themen von Anfang an mit auf den Weg zu geben. Daher soll diese Arbeit zusätzlich Ansatzpunkte für Aus-, Fort-, und

Weiterbildung darstellen. Der Schwerpunkt liegt dabei auf der Fortbildung (Fobi) zur Parkinson-Nurse (PN).

3 Gesellschaftlicher Hintergrund des Parkinson-Syndroms

Wie in der Einleitung schon beschrieben, wird in dieser Arbeit die Steuerung und Gestaltung der Pflege einer älteren Klientin mit dem IPS dargestellt. Um die Relevanz der Steuerung und Gestaltung der Pflege beim Parkinson-Syndrom (PS) veranschaulichen zu können, wird in diesem Kapitel der gesellschaftliche Hintergrund des PS vorgestellt. Dabei werden der geschichtliche Hintergrund, die Epidemiologie und der Versorgungsbedarf des PS thematisiert.

3.1 Geschichte

Schon aus dem 3. Jahrhundert v. Chr. gibt es griechische und römische medizinische Schriften, welche auf eine Krankheit mit Zittern und Bewegungsstörungen hinweisen. Die erste Abhandlung über diese Erkrankung veröffentlichte James Parkinson, der Namensgeber, im Jahre 1817. Die erste medikamentöse Therapie mit Belladonna-Präparaten wurde im Jahr 1867 eingeleitet, welche dann Anfang 1960 durch die Behandlung mit L-Dopa optimiert wurde. Mit der derzeitigen Kombinationstherapie mit weiteren Antiparkinsonmedikamenten wurde die Lebenserwartung und damit auch die Lebensqualität der Parkinson-Klienten grundlegend positiv verändert (Fornadi, 2013).

3.2 Epidemiologie

Das PS ist nach der Alzheimer-Krankheit die zweithäufigste neurodegenerative Erkrankung. Derzeit sind rund 4,1 Mio. Menschen weltweit am PS erkrankt. Davon leben in Europa nach Schätzung etwa 1,2 Mio. Parkinson-Klienten und in Deutschland etwa 219 579 PS-Erkrankte. Die Prävalenz des PS wird in der Literatur mit etwa 108 bis 257 pro 100.000 Einwohner, die Inzidenz mit etwa 11 bis 19 pro 100.000 Einwohner und Jahr angegeben (Deutsche Gesellschaft für Neurologie (DGN), 2016, S. 55). Die folgende Abbildung zeigt, wie sich die stationären Krankenhausbehandlungen von Klienten mit dem PS allein ein Sachsen-Anhalt von 2000 bis zum Jahre 2014 verändert hat. Insgesamt 90% mehr stationäre Krankenhausbehandlungen waren es 2014 im Vergleich zum Jahre 2000 allein in Sachsen-Anhalt (Statistisches Landesamt Sachsen-Anhalt, 2016). Wie auch in der Abbildung zu sehen ist, ist das PS eine Erkrankung, die meist im höherem Alter (65 Jahre und alter) auftritt. Aufgrund des demografischen Wandels wird also sowohl die Prävalenz als auch die Inzidenz weltweit ansteigen und bis zum Jahr 2030 zu einer Verdopplung der Erkrankungen kommen (DGN, 2016, S. 55). Der Abbildung ist zusätzlich zu entnehmen, dass Männer häufiger vom PS betroffen sind als Frauen (Statistisches Landesamt Sachsen-Anhalt, 2016).

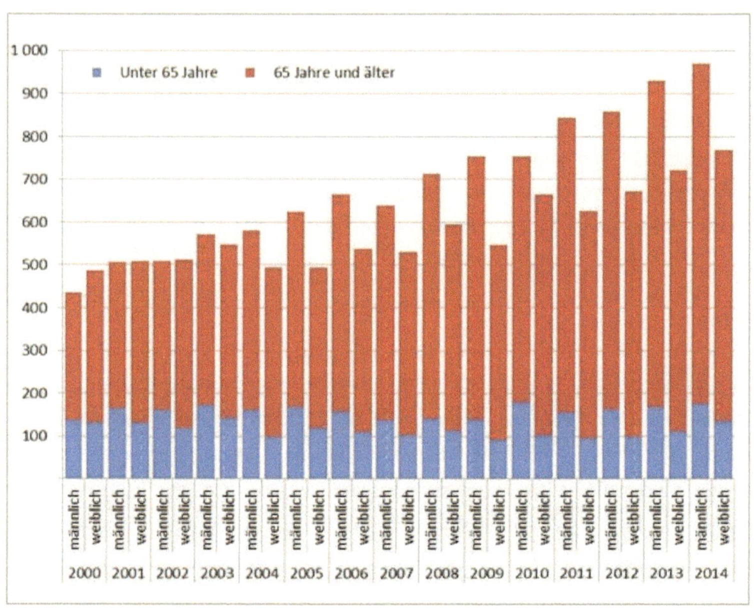

Abbildung 1: Statiönäre Krankenhausbehandlungen von Patienten aus Sachsen-Anhalt mit Parkinson von 2000 bis 2014 (Statistisches Landesamt Sachsen-Anhalt, 2016)

3.3 Versorgungsbedarf

Der Anstieg der Auftretenden Fälle des PS bringt natürlich einen erhöhten Bedarf der Versorgung dieser Klienten mit sich. Die meisten Betroffenen sind anfangs mit der Diagnose überfordert und akzeptieren diese nicht. Viele haben erhebliche Zukunftsängste und werden schwer depressiv. Mit der Diagnosestellung muss zeitgleich ein ausführliches Aufklärungsgespräch stattfinden, in dem der Patient wichtige Informationen für das Leben mit dem PS mit auf den Weg bekommt. In den ersten Jahren des Lebens mit dem PS ist der Klient mit Hilfe der Medikamententherapie fast symptomlos. Einige fühlen sich wie geheilt und denken, der Arzt hätte eine Fehldiagnose gestellt. Nehmen sie die Medikamente jedoch nicht ordnungsgemäß ein oder setzen sie sogar ab, treten die Symptome nach kurzer Zeit wieder auf (Fornadi, 2013).

Nach 5 bis 10 Jahren ist die medikamentöse Therapie allerdings ausgeschöpft und die Betroffenen leiden unter starken Symptomen. Spätestens zu diesem Zeitpunkt ist der Versorgungsbedarf des Klienten enorm hoch. Eine enge Zusammenarbeit von Betroffenen,

Angehörigen, sozialen Diensten und medizinischem Personal ist die Voraussetzung für eine wirkungsvolle und auf die individuellen Bedürfnisse von Parkinson-Klienten abgestimmte Versorgung. Eine wichtige Rolle spielen hierbei Netzwerke, in denen für die spezialisierte Parkinson-Versorgung qualifizierte Neurologen in Praxen und Kliniken, Therapeuten und Pflegedienste verbunden sind (Fornadi, 2013). Wie stark der Bedarf an Fachärzten der Neurologie in den letzten Jahren zugenommen hat, zeigt die folgende Abbildung (DGN, 2016).

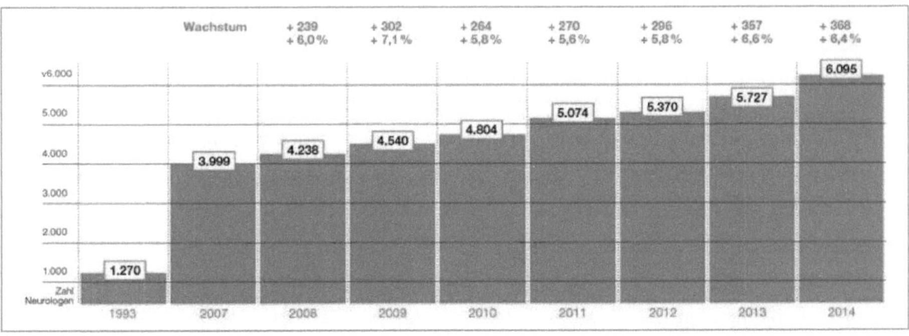

Abbildung 2: Zahl der Fachärzte für Neurologie von 1993 bis 2014 (DGN, 2016)

In einigen Ländern, u.a. England, USA und den skandinavischen Ländern gibt es seit einigen Jahren spezialisierte Krankenschwestern und Krankenpfleger für Klienten mit IPS, sogenannte Parkinson's Disease Nurses (PDN). Diese betreuen die Betroffenen mit speziellen Kompetenzen und Kenntnissen und fördern somit das Wohlbefinden des Klienten (DGN, 2016, S. 206-207).

4 Angenommener Professionalisierungsbedarf

Verschiedene Studien belegen, dass die Pflege durch eine PDN in Bezug auf viele Aspekte effektiver ist, als die Standard-Pflege. Als besonders wertvoll bewertet wurde dabei der Aspekt, dass die Klienten die Gelegenheit haben, mit jemanden über die Erkrankung und Probleme zu sprechen. Viele bewerteten den Kontakt zu einer PDN als sehr wertvoll und fanden sogar, dass die Dauer des Kontaktes mit der PDN verlängert werden sollte. Eine Studie aus dem Jahre 2010 zeigte, dass Klienten, die eine Versorgung durch eine PDN erhielten, bezüglich gesundheitsbezogener Lebensqualität und motorischer Funktion signifikant besser waren (DGN, 2016, S. 212). In Deutschland ist das Versorgungssystem durch eine PDN im Vergleich zu anderen Ländern noch nicht ausgereift. Die spezifische Fobi zur PN, wie es in Deutschland bezeichnet wird, ist leider noch nicht weit verbreitet. Für die Fobi zur PN in Deutschland besteht demnach ein enormer Professionalisierungsbedarf [Gügel, 2009].

Derzeit wird diese Fobi von der „Deutsche Parkinson-Gesellschaft" in Kooperation mit der „deutschen Parkinson Vereinigung" (dPV) und dem „Kompetenznetz Parkinson" organisiert (Gügel, 2009). Die Fobi wird einmal pro Jahr mit jeweils 15 Teilnehmern angeboten und startete erstmals im Jahr 2007. Demnach gibt es derzeitig etwa 165 PN in ganz Deutschland. Wenn man bedenkt, dass mehr als 200 000 Parkinson Klienten in Deutschland leben, ist der Bedarf weitaus höher als nur „eine Hand voll" PN (dPV, 2016). Weitere Informationen, vor allem zu den Fortbildungszielen, werden in Kapitel 8 – Transfer in den Bereich der Pflegepädagogik – dargestellt.

Es lässt sich nunmehr die Schlussfolgerung ziehen, dass gewiss ein Professionalisierungs-bedarf in der Pflege von MP Klienten besteht. Aus diesem Grund ist es von großer Bedeutung, die Fobi zur PN bundesweit und vor allem öfters anzubieten, um mehr PN auszubilden und den Versorgungsbedarf endlich abdecken zu können. Alle interessierten Pflegekräfte sollten die Möglichkeit haben, diese Fobi absolvieren zu können. Unabhängig von einer begrenzten Teilnehmerzahl pro Kurs und vor allem Standortunabhängig. Die Fobi zur PN muss genauso populär werden wie beispielsweise eine Fobi zum Thema Wundmanagement oder Schmerzmanagement. Eine weitere Überlegung wäre, eine Weiterbildung zur PN einzuführen. Hierbei würde das vorhandene Wissen nicht nur erhalten und erweitert werden, man könnte sich beruflich weiterentwickeln und hätte eine zusätzliche Qualifikation mit einer neuen Berufsbezeichnung.

5 Theoretischer Hintergrund des Neumanschen Systemmodells

Das von Betty Neuman entwickelte Systemmodell zielt auf das Erreichen und Erhalten eines größtmöglichen Wohlbefindens und einer optimalen Gesundheit des Menschen, in einer sich ständig wandelnden Umgebung und Gesellschaft ab. Dabei trägt die Ganzheitlichkeit und die Mehrdimensionalität des Klienten eine bedeutende Rolle. (Schaeffer, Moers, Steppe & Meleis, 2008, S. 197). „Im Rückgriff auf die Systemtheorie nach v. Bertalanffy werden der Mensch, eine Gruppe oder eine Gesellschaft als offenes System gesehen, die auf Umweltreize reagieren und über Streßabwehrsysteme[sic!] verfügen, die Neuman Verteidigungslinien nennt." (Schaeffer et al., 2008, S. 197) Wirken bestimmte Stressoren auf den Klienten ein, fungieren fünf Variablen – physiologischer, psychologischer, soziokultureller, entwicklungsspezifischer und spiritueller Natur – als Schutzschild, um den Durchbruch der Stressoren durch das Abwehrsystem zu verhindern. Diese Variablen entstammen sowohl der inneren als auch der äußeren Umwelt des Klienten und sind in unterschiedlichem Maße ausgebildet (Schaeffer et al., 2008, S. 203). Auch die Verteidigungslinien verändern sich im Laufe des Lebens, da diese alters- und entwicklungsabhängig sind (Schaeffer et al., 2008, S. 199). In der folgenden Abbildung ist eine schematische Darstellung des Neumanschen Systemmodells zu sehen.

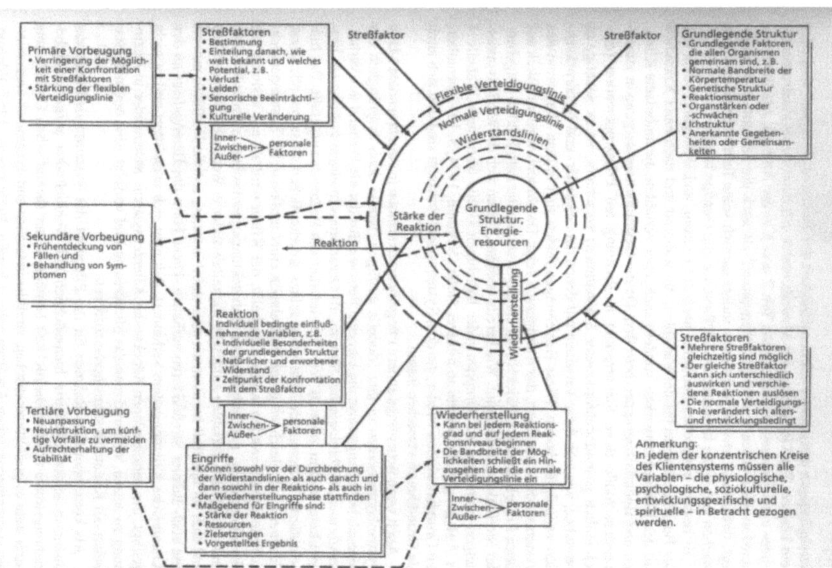

Abbildung 3: Das Neumansche Systemmodell (Schaeffer et al., 2008, S. 199)

Wie eben schon beschrieben, verfügt der Klient bzw. das Klientensystem über Verteidigungslinien, welche verhindern sollen, dass die Stressoren zum Klienten durchdringen. Bei diesen Stressoren kann es sich um innerpersonale, zwischenpersonale und/oder außerpersonale Stressoren handeln. Innerpersonale Stressoren sind Kräfte in der internen Umwelt des Klienten, zum Beispiel krankheitsbedingte Symptome. Bei den Zwischenpersonalen Stressoren handelt es sich um Interaktionskräfte, die in der externen Umwelt des Klienten in naher Entfernung auftreten, wie zum Beispiel ein Konflikt bei einer Rollenerwartung. Die außerpersonalen Stressoren sind auch Interaktionskräfte der externen Umwelt des Klienten, aber in weiter Entfernung. Dazu gehören zum Beispiel finanzielle Probleme des Klienten bzw. Klientensystems (Schaeffer et al., 2008, S. 202-203). Eine entscheidende Rolle beim Einfluss der Stressoren auf den Klienten spielt der Zeitpunkt, zu dem der Stressor auftritt, der physische und psychische Zustand des Klienten, die Stärke und Beschaffenheit des Stressors sowie der Energieaufwand, den der Klient für die Bewältigung aufbringen muss. Gegenstand des Modells sind demnach Stresserscheinungen und die Reaktion auf diese (Schaeffer et al., 2008, S. 202-203).

Pflegerische Interventionen sollten sich an die Anpassung des Klienten an die Stressoren orientieren, um eine Systemstabilität zu erzielen. Hierfür ist die Stärkung der Abwehrkräfte des Klientensystems, primär durch präventive Handlungen, von großer Bedeutung (Schaeffer et al., 2008, S. 197). Neuman unterteilt drei Präventionen: primäre, sekundäre und tertiäre Prävention. Die primäre Prävention zielt darauf ab, die Systemstabilität zu bewahren, beispielsweise durch das Verhindern des Eindringens von Stressoren oder durch Stärkung vorhandener Kräfte. Muss die Systemstabilität wiederhergestellt werden, kommt die sekundäre Prävention zum Einsatz. Bei der sekundären Prävention schützt man unter anderem die Grundstruktur, mobilisiert interne und externe Ressourcen und/oder manipuliert Stressoren zielgerichtet. Bei der tertiären Prävention versucht man dann die vorhandene Systemstabilität aufrechtzuerhalten, indem beispielsweise angemessene Ziele diskutiert werden und deren Realisierung motivieren (Neumann-Ponesch, 2011, S. 139).

Um Stressoren oder nachteilige Umstände durch pflegerische Eingriffe nachhaltig zu mäßigen oder zu beseitigen hat B. Neman ein „Instrumentarium zum Pflege-Assessment und zur Pflege-Intervention" entworfen, kurz der Pflege-Assessment-Bogen. In diesem Instrumentarium werden verschiedene Gesichtspunkte des System-Modells berücksichtigt. Dabei spielt nicht nur die Sichtweise der Pflegenden eine Rolle, auch die Eigenwahrnehmung des Klienten wird erfasst (Neuman, 1998, S. 79-80). Ein fallbezogener Pflege-Assessment-Bogen ist im Anhang ab Seite 21 zu finden.

6   Krankheitsbild des idiopathischen Parkinson-Syndroms

PS sind durch das Vorliegen einer Akinese und eines der folgenden, in unterschiedlicher Ausprägung auftretenden Kardinalsymptome definiert: Rigor, Ruhetremor und/oder Akinese. Als typische Begleitsymptome können auftreten:

- Sensorische Symptome (z.B. Schmerz)
- Vegetative Symptome (z.B. Störung Blasen- und Darmfunktion)
- Psychische Symptome (z.B. Depressionen)
- Kognitive Symptome (z.B. Demenz in fortgeschrittenen Stadien)
  (DGN, 2016 S. 51)

In etwa 75% der Fälle tritt das IPS auf. „Idiopathisch" bedeutet in diesem Fall, dass der Krankheit keine greifbare Ursache zugrunde liegt. Das zentrale Kardinalsymptom beim IPS ist die Bradykinese, also die Verlangsamung der Bewegungsgeschwindigkeit. Sie erschwert und verzögert willkürliche Bewegungen und verlangsamt parallele motorische Tätigkeiten. Rasche sequentielle Bewegungen sind kaum möglich. „Das Gangbild wird kleinschrittig, die Sprache wird hypophon [...], das Gesicht hypomim, das Schlucken wird seltener." (DGN, 2016 S. 51)

Das IPS wird hinsichtlich der Symptome in drei Formen eingeteilt. Beim sog. akinetisch-rigiden Typ überwiegt die Akinese und es kommt zu einer gestörten Bewegungsinitiation und zu Bewegungsblockaden. Diese Form des IPS wird oftmals von der posturalen Instabilität begleitet. Die Betroffenen haben eine Störung der aufrechten Körperhaltung, welche durch mangelnde Halte- und Stellreflexe verursacht wird. Eine weitere Form ist der Äquivalenz-Typ. Bei dieser Form sind die drei oben genannten Symptome, der sog. klinischen Trias (Rigor, Ruhetremor, Akinese), annähernd gleich stark ausgeprägt. Bei der dritten und letzten Form des IPS handelt es sich um den sog. Tremordominanz-Typ. Hierbei dominiert das Kardinalsymptom Ruhetremor. Aber auch andere Tremorformen können auftreten, zum Beispiel der klassische Parkinson-Tremor mit dem Pillendreher-Erscheinungsbild, der Aktionstremor oder der Haltetremor (DGN, 2016 S. 51-52).

In der Literatur wird eine Vielzahl individueller Verläufe mit verschiedener Ausprägung und unterschiedlichem Voranschreiten der Symptome beschrieben. Parkinson-Syndrome verlaufen jedoch nicht in typischen Phasen bzw. Stadien, wie beispielsweise eine Niereninsuffizienz.

7 Vorstellung des Falles

Wie schon in der Einleitung zu lesen war, geht es bei dem ausgewählten Fall um eine 69 Jahre alte Frau, welche im Frühling 2016 die Diagnose IPS erhielt. Die Klientin (Frau H.) versuchte in den ersten Monaten nach der Diagnose ohne professionelle Hilfe von Ärzten, Physiotherapeuten o.ä. mit dem IPS zu leben. Sie hatte die Unterstützung ihrer Familie und war der Meinung, dies würde ausreichen. Da die Klientin an der Äquivalenz-Form des IPS leidet, wurden die Symptome im Laufe der Zeit ohne medikamentöse Therapie o.a. konstant schlimmer und nicht mehr beherrschbar.

Frau H. war vor ihrer Erkrankung eine lebenslustige ältere Dame die noch vollständig im Leben stand. Sie ging mit ihrem Ehemann noch selber einkaufen, kochte oft für die ganze Familie und traf sich regelmäßig mit ihren Freundinnen. Auch künstlerisch und handwerklich war Frau H. sehr aktiv. Sie strikte, häkelte und lebte ganz nach dem Motto „Selbst ist die Frau". In der Zeit nach der Diagnose IPS zog sich die Klientin immer mehr zurück. Sie schickte ihren Ehemann allein zum Einkaufen und mit ihren Freundinnen traf sie sich in der Öffentlichkeit gar nicht mehr. Sie kamen anfangs alle 2 Wochen sonntags zu ihr und tranken zusammen Kaffee. Doch auch dies verlor sich nach einiger Zeit, da Frau H. keinen Besuch mehr empfangen wollte.

Die Familie schaute sich die Veränderungen einige Wochen und Monate mit an und waren sich letztendlich doch einig, dass es so nicht weitergeht. Ausschlaggebend dafür war, dass Frau H. im Oktober in ihrem eigenen Haus die Kellertreppe runter stürzte und ihr berufstätiger Ehemann sie erst nach der Arbeit auffand. Die Klientin hatte außer ein paar Kratzer und Hämatome keine Schäden erlitten. Aufgrund der Ursache des Sturzes, nämlich der Akinese, wurde Frau H. stationär in die neurologische Abteilung des St. Georg Klinikums in Eisenach aufgenommen. Durch diese stationäre Aufnahme lernte die Autorin dieser Hausarbeit die Klientin kennen. Sie war für die nächsten Tage und Wochen die Bezugspflegerin von Frau H. Schnell wurde klar, dass der Sturz nicht das einzige Manko bei Frau H. war. Sie steckte fest - mitten in einer tiefen Krise.

Nach einiger Biographiearbeit über Frau H. wurde schnell klar, dass die Zukunft für sie nicht einfach werden würde. Ihre Selbstständigkeit wird schwinden und Frau H. wird Hilfe bei den Aktivitäten des täglichen Lebens (ATL's) benötigen. Damit die Klientin so lange wie möglich noch teilweise selbstständig aktiv sein kann, war die Therapie in den nächsten Wochen von besonderer Bedeutung. Frau H. wurde medikamentös eingestellt, bekam mehrmals täglich physiotherapeutische und logopädische Behandlungen und auch ärztliche Untersuchungen kamen nicht zu kurz. Durch die medikamentöse Behandlung wurden die Symptome immer schwächer und schwanden zeitweise ganz. Frau H. war anfangs eine sehr disziplinierte und vor allem motivierte Patientin. Nach einigen Tagen, ließ die Motivation allerdings nach. Dies lag vermutlich daran, dass die Klientin keine großen Fortschritte mehr machte, es sondern eher in kleinen, für sie kaum erkennbaren Schritten voranging.

Frau H. war ein Familienmensch. Daher ging die Autorin dieser Arbeit davon aus, dass ein Gespräch mit einer Bezugsperson aus ihrem familiärem Umfeld nützlich sein könnte. Sie organisiert ein Gespräch mit der ältesten Tochter von Frau H. unter vier Augen. Aus diesem Gespräch ging hervor, dass ihr Ehemann schon seit einigen Jahren ein Alkoholproblem hat, welches Frau H. laut ihrer Tochter sehr belastet. Herr H. unterstützt seine Frau kaum, was häufig zu einem Streit ausartet. Des Weiteren erfuhr die Autorin, dass Frau H. kurz nach der Diagnosestellung im Frühling 2016 ihren jüngsten Sohn, welcher nicht der leibliche Sohn von Herrn H. war, an einem Myokardinfarkt verloren hatte. Auch in dieser Angelegenheit erfuhr Frau H. keine Unterstützung oder Beistand von ihrem Ehemann. Die Tochter berichtet, dass das Ehepaar schon immer ab und zu gestritten habe, aber in den letzten Monaten häuften sich die Konflikte. Frau H. muss ihrem Ehemann alles hinterhertragen und macht seiner Ehefrau damit nur noch mehr Arbeit. Frau H. ärgert sich sehr darüber und fühlt sich ausgenutzt. Herr H. begründet sein Verhalten damit, dass er die ganze Woche über auf Arbeit sei und er zu Hause seine Ruhe bräuchte. Das Ehepaar kommuniziert kaum über ihre Probleme, berichtet die Tochter. Diese Gegebenheiten würde die zukünftige Situation von Frau H. nicht unbedingt positiv, sondern eher negativ beeinflussen.

7.1 Fallbezogene Problemlösung

In dem eben beschriebenen Fallbeispiel sind zwei Klientensysteme identifizierbar. Zum einen Frau H. und zum anderen Frau H. und Herr H. als Ehepaar. In der folgenden Problemlösung wird auf beide Klientensysteme Bezug genommen.

Zum Anfang muss eine Pflegediagnose aufgestellt werden. Dazu werden die vorhandenen Informationen und Daten analysiert (Neumann-Ponesch, 2011, S. 137) Es fällt sehr schnell auf, das verschiedene Stressoren sowohl auf Frau H. als auch auf das Ehepaar einwirken. Dazu gehört zum einen die Alkoholabhängigkeit des Herrn H., zum anderen der Verlust des jüngsten Sohnes von Frau H. Natürlich ist auch die Diagnose IPS ein potentieller Stressor für beide Klientensysteme. Auch der Verlust der Selbstständigkeit von Frau H. verbunden mit der plötzlichen Abhängigkeit gilt als Stressor. Bei beiden Klientensystemen ist aufgrund der schweren Schicksalsschläge der letzten Monate ein angehäuftes Energiedefizit zu erkennen. Dieses Energiedefizit schwächt die flexiblen Abwehrlinien der Klientensysteme, sodass die eben genannten Stressoren ohne Probleme durch die Verteidigungslinien durchdringen können. Die Energieressourcen von Frau Gessner, und somit auch die des Ehepaares waren durch die Alkoholabhängigkeit von Herrn H. vermutlich schon vor dem Auftreten ihrer Krankheit aufgebraucht. Insbesondere bei Frau H. kam es durch die Einwirkung der Stressoren zur Krise. Frau H. hatte zuvor in ihrem Leben noch nie mit solchen Problemen zu tun gehabt. Vorher entwickelte Bewältigungsstrategien für eine Abwendung der Bedrohung hatte Frau H. also nicht zur Verfügung. Daher ist die Grundstruktur nun stark bedroht. Aufgrund verschiedenster Faktoren entwickeln sowohl Frau H. als auch Herr H. abweichende Erwartungen an den jeweiligen Partner. Dem zu Folge kam es zur weiteren Stresserhöhung beider Klientensysteme und die Abwehrlinien haben keine Chance gestärkt zu werden. Frau H. verbraucht auch im Krankenhaus weiterhin viel Energie, um die Therapie und ihre Krankheit zu verarbeiten. Zusätzlich baut sie Energie damit ab, in dem sie sich Gedanken über die Beziehung zu ihrem Ehemann macht. Auch Herr H. verbraucht viel Energie bei seiner Arbeit und mit den Gedanken, wie sich die Zukunft zusammen mit seiner Ehefrau gestalten wird. Glücklicherweise hat das Ehepaar eine gute Beziehung zu den drei verbliebenen Kindern. Sie unterstützen die Eheleute so gut sie nur können. Aufgrund der Analyse lässt sich vorsichtig eine erste ganzheitliche und umfassende pflegediagnostische Aussage treffen: Die andauernde, nicht zu beseitigende Belastung durch die Alkoholabhängigkeit von Herrn H., den schlechten gesundheitlichen Zustand von Frau H. und die allgemeinen Beziehungsprobleme des

Ehepaares führt zu einer Erschöpfung der Energieressourcen und zu einer gestörten Kommunikation zwischen den Klientensystemen.

Für eine Problemlösung müssen als nächstes, im Idealfall gemeinsam mit den Klientensystemen, Pflegeziele formuliert werden. Dabei werden wünschenswerte normative Veränderungen, die zum Wohlbefinden beitragen können, mit den Klientensystemen diskutiert. Wichtig ist es die Ressourcen und Bedürfnisse von Frau H. und Herrn H. zu berücksichtigen. Auch die relevante Art der Prävention als Intervention wird mit den Klientensystemen erörtert (Neumann-Ponesch, 2011, S. 138). Mögliche Formulierungen für Pflegeziele können sein:

- Frau H. besitzt Kompetenzen, auf die sie bei der Verarbeitung ihrer Stressoren zurückgreifen kann
- Frau H. hat das Gefühl, in ihrer Situation nicht allein zu sein
- Frau H. bekommt seelische Unterstützung bei der Verarbeitung des Todes ihres Sohnes
- Herr H. beginnt eine Entzugstherapie in Bezug auf sein Alkoholproblem
- Herr H. besitzt Kompetenzen, mit denen er seine Ehefrau unterstützen kann
- Herr H. erkennt die schwierige Situation und unterstützt seine Ehefrau so gut es geht
- Das Ehepaar kommuniziert miteinander
- Frau H. versucht die Bedürfnisse und Wünsche ihres Ehemannes zu verstehen
- Frau H. stellt Vertrauen zu ihrem Ehemann her
- Frau H. akzeptier ihre Erkrankung und lässt auch in Zukunft professionelle Hilfe zu
- Das Ehepaar öffnet sich für mögliche Außenkontakte (z.B. mit Freunden/Bekannten)

Um diese Pflegeziele zu erreichen müssen Pflegeinterventionen, welche ebenfalls mit den Klientensystemen besprochen werden, umgesetzt werden. Diese Pflegeinterventionen werden im Folgenden der primären, sekundären und tertiären Prävention zugeordnet (Neumann-Ponesch, 2011, S. 140). Mögliche Pflegeinterventionen zur primären Prävention können sein:

- Ehepaar bezüglich externer professioneller Hilfe beraten
- Ehepaar über pflegerische Maßnahmen zur Stressorenvermeidung informieren und anleiten
- Pflegedienst für den Bedarf sicherstellen

Mögliche Pflegeinterventionen zur sekundären Prävention können sein:

- Maßnahmen zur physischen Stressorminimierung festlegen und durchführen
- Herrn H. Kompetenzen der Pflege vermitteln
- Vertrauensbildende Maßnahmen zwischen Frau und Herrn H. initiieren
- Offene Gespräche mit beiden Ehepartnern führen (offenen Austausch ermöglichen)
- Gesundheitsbewusstsein fördern, z.B. durch Aufklärungsgespräche, Gespräche mit anderen Betroffenen, usw.
- Frau H. Möglichkeit geben, über Verlust ihres Sohnes zu sprechen, z.B. durch Zuhören
- Psychologische Betreuung für Frau H. einleiten

Mögliche Pflegeinterventionen zur tertiären Prävention können sein:

- Herr H. bei der Einleitung einer Entzugstherapie unterstützen
- Mit Hilfe der Familie Besuch von Freunden oder Bekannten organisieren
- Über Vermeidung weiterer Stressoren aufklären
- Regelmäßiges Aufsuchen von Ärzten, Pflegenden, u.ä. um die korrekte Durchführung der Maßnahmen sicherzustellen

Dies ist nur ein Ausschnitt der Pflegeinterventionen, die die Autorin gemeinsam mit den Klientensystemen umgesetzt hat. Nach der Umsetzung der Pflegeinterventionen muss selbstverständlich eine Evaluation stattfinden. Dabei muss festgestellt werden, ob die Pflegeziele erreicht worden sind oder ob man sie überarbeiten und realistischer formulieren muss. Ebenfalls können dabei neue Ziele formuliert werden.

In dem sechswöchigen Krankenhausaufenthalt in der neurologischen Abteilung haben beide Klientensysteme erhebliche Fortschritte gemacht. Frau H. wurde medikamentös eingestellt, sodass sie gut mit den Symptomen umgehen konnte. Das Ehepaar hatte nun ein ausgeprägtes Gesundheitsbewusstsein in Bezug auf die Erkrankung von Frau H. Herr H. hat eingesehen, dass seine Alkoholabhängigkeit ein Problem ist, welches einen starken Stressor für beide Klientensysteme darstellt. Er begann eine Woche vor der Entlassung seiner Ehefrau in einer Entzugsklinik einen Alkoholentzug. Damit Frau H. in dieser Zeit nicht allein zu Hause ist, hatte sich eine Tochter von Frau H. bereit erklärt, in diesem Zeitraum bei ihrer Mutter einzuziehen und sie zu unterstützen. Die Familie war sich einstimmig einig, dass momentan noch keine professionelle pflegerische Unterstützung, zum Beispiel in Form eines Pflegedienstes o.ä., nötig war. Frau H. wird in Zukunft alle sechs Monate, bzw. wenn es nötig ist auch in kürzeren Abständen, in die neurologische Abteilung eingewiesen und erneut medikamentös eingestellt, sodass sie gut mit ihrer Erkrankung leben kann. Herr H. hat seine Ehefrau fast tägliche im Krankenhaus besucht und man konnte zusehen, wie die Beziehung der beiden vertrauenswürdiger wurde. Frau H. hatte anfangs zwar immer noch Zweifel, ob ihr Ehemann den Alkoholentzug wirklich machen würde, aber nachdem sie erfuhr, dass er einen Termin in der Entzugsklinik hatte und dort auch tatsächlich hingefahren ist, blühte Frau H. noch mehr auf.

Frau H. wurde Anfang Dezember 2017 in ein stabiles häusliches Umfeld entlassen. Da sie sich in den Wochen im Krankenhaus prima mit ihrer Bezugspflegerin verstand, wünschte sie sich, dass sie sie ab und zu nochmal zu Hause anrief. In den Telefonaten kam heraus, dass Herr H. momentan noch erfolgreich in der Entzugsklinik therapiert wird. Frau H. hat sich in Bezug auf den Verlust ihres Sohnes ambulante psychologische Hilfe geholt. Die Tochter berichtet, dass Frau H. sich sogar einmal im Monat mit ihren alten Freundinnen trifft. Insgesamt hat sich die Situation von beiden Klientensystemen verbessert.

8 Transfer in den Bereich der Pflegepädagogik

In diesem Kapitel beschäftigt sich die Autorin mit der Fortbildungsrelevanz der dargestellten Inhalte. Wie schon in Kapitel 4 – Angenommener Professionalisierungsbedarf – festgestellt wurde, besteht ein enormes Defizit in Bezug auf aus- bzw. fortgebildete PN. Welche besonderen Kompetenzen in der Fortbildung zur PN pflegepädagogisch gelehrt und gelernt werden wird in diesem Kapitel erläutert.

Die Fobi zur PN zielt darauf ab, dass die Kursteilnehmer einen orientierenden Überblick über das PS haben. Sie erlangen Kenntnisse über Epidemiologie, Ätiologie, Pathophysiologie und ebenfalls über Prognose und Verlauf der Erkrankung. Dabei wird ein differentialdiagnostischer Einblick zur Differenzierung des idiopathischen versus atypischen PS gewährt. Die Kursteilnehmer lernen, welche Symptome im Rahmen der verschiedenen PS auftreten könne. Des Weiteren gewinnen die Teilnehmer einen Einblick über pharmakologische Therapiemöglichkeiten und über alternative Therapien. Besondere pädagogische Relevanz hat die Durchführung klinischer Studien. Die Kursteilnehmer erhalten einen Überblick über die Hintergründe, die Ziele und die Relevanz solcher klinischen Studien (D. Gruler, persönlicher E-Mail-Verkehr mit Verfasserin, 22. Januar, 2018).

Von pflegerischer Bedeutung ist vor allem das Vertraut sein mit Begleiterscheinungen wie zum Beispiel Psychosen, Demenz oder Libidostörungen. Dafür erhalten die Teilnehmer theoretische Kenntnisse bezüglich der Begleiterscheinungen speziell abgestimmt auf das PS. Auch das Anleiten und Beraten von Patienten und deren Angehörige gehören in den zukünftigen Arbeitsbereich einer/eines PN. Daher werden die Kursteilnehmer bezüglich Beratung und Anleitung beim PS eingeführt und müssen im Laufe der Fobi ein solches

Anleitungs- oder Beratungsgespräch initiieren (D. Gruler, persönlicher E-Mail-Verkehr mit Verfasserin, 22. Januar, 2018).

Zu den spezielleren Kompetenzen die gelehrt und gelernt werden, gehören unter anderem das selbstständige Durchführen eines L-Dopa-Tests zur Diagnose eines PS. Auch das kennen von Indikation, Effekt und Nebenwirkungen verschiedener Apomorphin-Therapien gehören zu den Zielen der Fobi. Die Kursteilnehmer sollten nach der Fobi in der Lage sein, Patienten und Angehörige bezüglich praktischer Durchführung einer Apomorphin-Pumpe o.ä. instruieren zu können. Um all diese Fähigkeiten und Fertigkeiten festigen und anwenden zu können müssen alle Teilnehmer eine Hospitationsphase von 10 Tagen á 7,7 Stunden absolvieren. Darin hospitieren die Kursteilnehmer unter anderem bei der Ergo-, Logo- und Physiotherapie, im psychologischen Dienst und auch beim Sozialdienst. (D. Gruler, persönlicher E-Mail-Verkehr mit Verfasserin, 22. Januar, 2018). Eine Checkliste der Hospitationsphase, welche aus der E-Mail von Frau Gruler vom 22. Januar 2018 stammt, befindet sich im Anhang ab Seite 26.

Dies war nur ein Auszug des Curriculum der Fobi zur PN, welches weitaus mehr beinhaltet. All diese Inhalte, kann man in der normalen Gesundheits- und Krankenpflegeausbildung durchaus nicht vermitteln, wenn man bedenkt, dass das PS nicht die einzige Erkrankung mit einem hohen pflegerischen und medizinischen Aufwand ist. Umso wichtiger ist es, besonders aus pflegepädagogischer Sicht, dass die Fobi zur PN populärer wird, damit der Bedarf an professionellen PN gedeckt wird.

9 Fazit

Das Erstellen dieser Arbeit ermöglichte einen tiefergehenden und umfassenden Einblick in das Systemmodell von B. Neuman. Mit Hilfe des dazugehörigen Instrumentariums zum Pflege-Assessment und zur Pflege-Intervention ist das Modell praxisnah und somit gut anwendbar. Im Rahmen dieser Arbeit wurde eine fallbezogene Analyse durchgeführt, welche fallrelevante Zusammenhänge aufgedeckte. Somit wurde verdeutlicht, in wie weit ein Pflegemodell in Beziehung zu den Pflegehandlungen steht. Auch die Recherche über den Professionalisierungsbedarf in Bezug auf das Parkinson-Syndrom war durchaus interessant. Somit wurde klar, dass ein enormer Versorgungsbedarf besteht, welcher stetig weiter ansteigt. Es wurde deutlich, dass besonders Pflegekräfte bei der Bewältigung chronischer Erkrankung einen hohen Stellenwert haben. Parallel zum Beratungs-und Anleitungsauftrag steigt der Auftrag der Pflegepädagogik bezüglich der Ausbildung professionell Pflegender stetig an. Nicht nur in der professionellen Pflege von Parkinson-Klienten gibt es enorme Defizite, sondern im gesamten Bereich der Pflege von chronisch

Kranken. Diese Defizite müssen durch die Gesundheitspolitik und mit Hilfe der Gesellschaft schleunigst behoben werden.

Literaturverzeichnis

Deutsche Gesellschaft für Neurologie (05.04.2016). Idiopathisches Parkinson-Syndrom [Leitlinien für Diagnostik und Therapie in der Neurologie]. Verfügbar unter https://www.dgn.org/images/red_leitlinien/LL_2016/PDFs_Download/030010_LL_langfassung_ips_2016.pdf [22.12.2017]

Deutsche Parkinson Vereinigung e.V. (k.D.). Fortbildung zur Parkinson-Nurse 2017/2018. Verfügbar unter https://www.parkinson-vereinigung.de/diverse-inhalte/parkinson-nurse [23.12.2017]

Dr. Fornadi, F. (15.01.2013). Geschichte der Krankheit. Verfügbar unter http://www.parkinson-web.de/content/was_ist_parkinson/geschichte_der_krankheit/index_ger.html [22.12.2017]

Dr. Fornadi, F. (15.01.2013). Krankheitsverlauf des idiopathischen Parkinson-Syndroms (= Parkinson-Krankheit). Verfügbar unter http://www.parkinson-web.de/content/was_ist_parkinson/krankheitsverlauf/index_ger.html [22.12.2017]

Gügel, L. (04.12.2009). Weiterbildung zur Parkinson Nurse. Verfügbar unter https://www.xing.com/communities/posts/weiterbildung-zur-parkinson-nurse-1004981125 [23.12.2017]

Neuman, B. (1998). *Das System-Modell. Konzept und Anwendung in der Pflege*. Freiburg im Breisgau: Lambertus.

Neumann-Ponesch, S. (Hrsg.). (2011). *Modelle und Theorien in der Pflege* (2. Aufl.). Wien: Facultas.wuv.

Schaeffer, D., Moers, M., Steppe, H. & Meleis, A. (Hrsg.). (2008). *Pflegetheorien. Beispiele aus den USA* (Pflegetheorie, 2. Aufl.). Bern: Huber.

Zahl der stationären Krankenhausbehandlungen mit Diagnose Parkinson seit 2000 um knapp 90 Prozent gestiegen (08.04.2016). Verfügbar unter http://www.stala.sachsen-anhalt.de/Internet/Home/Veroeffentlichungen/Pressemitteilungen/2016/04/74.html [22.12.2017]

Anhang

Anhang A
Pflege-Assessment-Bogen

A   Aufnahmedaten

1. Biografische Daten

Name:	Sabine Hohmann
Alter:	69 Jahre
Geschlecht:	weiblich
Familienstand:	verheiratet

2. Überweisende Instanz und damit verbundene Informationen

- vom Hausarzt überwiesen
- bisher kein Pflegedienst, Angehörige kümmern sich
- Pflegegrad 2 vorhanden

B   Stressoren aus Sicht des Klienten

1. In welchen Bereichen sind Sie aus Ihrer Sicht den größten Belastungen ausgesetzt bzw. erleben Sie die hauptsächlichen gesundheitlichen Beschwerden?

- bei Freizeitaktivitäten (Rad fahren, reisen, unter Menschen gehen, usw.)
- im Haushalt (kochen, saubermachen, usw.)

2. In welcher Hinsicht weicht Ihre gegenwärtige Situation von Ihren üblichen Lebensgewohnheiten ab?

- übliche Lebensgewohnheiten nicht mehr möglich
  z.B. sich bewegen stark eingeschränkt, waschen und kleiden eingeschränkt (ATL´s)

3. Haben Sie ein ähnliches Problem schon früher einmal erlebt?

- Nein, bisher nicht

4. Was glauben Sie, welche Konsequenzen Ihre gegenwärtige Situation für Ihre Zukunft haben wird?

- Situation wird sich laut den Ärzten sicher nicht mehr bessern
- mit Hilfe der Physiotherapie und Familie viel Beweglichkeit u.Ä. üben und versuchen das Beste daraus zu machen
- wenn sich Situation verschlechtert möchte ich Familie nicht zur Last fallen und ins Pflegeheim

5. Was tun Sie gegenwärtig und was können Sie tun, um sich selbst zu helfen?

- mit Krankheit auseinandersetzen (sich informieren, …)
- gewissenhaft Medikamente einnehmen
- Physiotherapie und auch zu Hause üben

- viel Zeit mit Familie (Töchtern und Enkelkindern) verbringen

6. Was sollten die Pflegenden, Ihre Familie, Freunde oder andere aus Ihrer Sicht für Sie tun?

- nicht zu viel Hilfe anbieten/ zu viel helfen wollen; möchte alles so lang wie es noch geht einigermaßen selber machen
- mir einfach viel Gesellschaft leisten, einfach da sein reicht schon
- Realistisch sein und nicht auf Wunder hoffen

C   Stressoren aus Sicht der Pflegenden

1. Wo liegen aus Ihrer Sicht die größten Belastungen bzw. gesundheitlichen Probleme?

- Freizeit
- Haushalt
- Familie (Alkoholabhängigkeit des Ehemannes, Eheprobleme, Verlust des Sohnes)

2. In welcher Hinsicht scheinen die gegenwärtigen Lebensumstände von den üblichen Lebensgewohnheiten des Klienten abzuweichen?

- Klientin ist stark eingeschränkt bei: sich bewegen, sich beschäftigen, für Sicherheit sorgen (Sturzrisiko)
- restliche ATL's sind ebenfalls eingeschränkt
- starke psychische Belastungen durch zeitlich gehäufte Schicksalsschläge

3. Hat sich der Klient bereits in einer ähnlichen Situation befunden?

- Nein (Angehörige berichten ebenfalls, dass Klientin vorher noch nie in solch einer Situation war)

4. Welche Konsequenzen aus der gegenwärtigen Situation erwarten Sie für die Zukunft?

- Klientin hat gutes familiäres Umfeld durch Töchter
- Ehemann macht Alkoholentzug
- Klientin war anfangs sehr motiviert, später ließ Motivation nach
- Klientin reagiert gut auf medikamentöse Therapie
- Klientin macht Fortschritte mit Physiotherapie
- Klientin verarbeitet Verlust des Sohnes durch psychologische Hilfe

    → Versorgung im häuslichen Umfeld mit geschultem Personal (Pflegedienst) ist möglich
    → Klientin wird in regelmäßigen Abständen stationär aufgenommen werden müssen, um medikamentöse Therapie anzupassen
    → Ferner werden ATL's für Klientin trotz allem immer schwieriger

5. Was kann Klientin tun, um sich selbst zu helfen?

- Therapie verfolgen
- in Bewegung bleiben, Übungen durchführen
- unter Menschen gehen

- Ziele setzen um Motivation zu fördern

6. Was erwartet der Klient Ihrer Meinung nach von den Pflegenden, der Familie, den Freunden und anderen Ressourcen?

- Klientin hat realistische Vorstellungen, was sie von Ihrem Umfeld erwarten kann (Unterstützung, Hilfestellung nur wenn nötig, Gesellschaft, usw.)

D   Intrapersonale Faktoren

a) physische Faktoren

- Klientin ist nicht bettlägerig
- Klientin kann sich im Haus mit Rollator bewegen
- Feinmotorik ist stark eingeschränkt
- Klientin ist schmerzfrei

b) psycho-soziokulturelle Faktoren

- realistische Einstellung zur Erkrankung
- Klientin ist motiviert
- realistische Erwartungen

c) entwicklungsbezogene Faktoren

- im hohen Alter erkrankt
- vorher noch vollkommen selbstständige Frau

d) spirituelle Faktoren

- Klientin hängt sehr an ihrer Familie
- Familie gibt ihr Hoffnung und Halt
- Klientin strahlt positive Energie aus

E   Interpersonale Faktoren

- Familie und Freunde haben positiven Einfluss auf Klientin
- Familie ist bereit, sich um Klientin zu kümmern und akzeptiert professionelle Unterstützung

F   Extrapersonale Faktoren

- Klientin ist finanziell gut abgedeckt
- große Familie, alle helfen mit
- einige Familienangehörige noch berufstätig und eher im Hintergrund
- Tochter der Klientin nicht berufstätig und übernimmt Pflege

G   Formulierung einer Pflegediagnose

Die andauernde, nicht zu beseitigende Belastung durch die Alkoholabhängigkeit von
Herrn H., den schlechten gesundheitlichen Zustand von Frau H. und die allgemeinen
Beziehungsprobleme des Ehepaares führt zu einer Erschöpfung der Energieressourcen
und zu einer gestörten Kommunikation zwischen den Klientensystemen.